ALBUM PALÉONTOLOGIQUE

DU

DÉPARTEMENT DE LA SARTHE

REPRÉSENTANT AU MOYEN DE LA PHOTOGRAPHIE

LES FOSSILES

RECUEILLIS DANS CETTE CIRCONSCRIPTION

PAR

M. ÉDOUARD GUÉRANGER

ET CONSERVÉS DANS SA COLLECTION

AVEC

Une Légende indiquant le nom de chaque espèce et l'horizon stratigraphique
dans lequel elle a été observée.

Cœlum cœli Domino
Terram autem dedit filiis hominum.
Ps. CXIII.

Et meditabor in omnibus operibus tuis,
Et in adinventionibus tuis exercebor.
Ps. LXXVI.

LE MANS

IMPRIMERIE BEAUVAIS ET VALLIENNE, PLACE DES HALLES, 19

1867

ALBUM PALÉONTOLOGIQUE

DU

DÉPARTEMENT DE LA SARTHE

REPRÉSENTANT AU MOYEN DE LA PHOTOGRAPHIE

LES FOSSILES

RECUEILLIS DANS CETTE CIRCONSCRIPTION

PAR

M. ÉDOUARD GUÉRANGER

ET CONSERVÉS DANS SA COLLECTION

AVEC

Une Légende indiquant le nom de chaque espèce et l'horizon stratigraphique
dans lequel elle a été observée.

Cœlum cœli Domino
Terram autem dedit filiis hominum.
PS. CXIII.

Et meditabor in omnibus operibus tuis,
Et in adinventionibus tuis exercebor.
PS. LXXVI.

LE MANS

IMPRIMERIE BEAUVAIS ET VALLIENNE, PLACE DES HALLES, 19

1867

INTRODUCTION

Depuis plus de vingt ans que je recueille les fossiles renfermés dans les différents dépôts géologiques du département de la Sarthe, j'ai vu commencer, se former, ou disparaître un grand nombre de collections paléontologiques. Que sont devenues ces collections dont quelques-unes renfermaient les types précieux des espèces publiées par Lamarck, Defrance, Brongniart, d'Orbigny? Aujourd'hui la plupart n'existent plus, les matériaux en sont dispersés. Personne même ne sait plus en quelles mains sont passés ces types qui d'ailleurs auraient perdu leur authenticité. Un peu plus tôt un peu plus tard ce sort sera toujours réservé à ces petits musées locaux et personnels dont les échantillons ont coûté tant de travail.

J'ai bien souvent médité sur cette œuvre incessante du temps, lequel amoureux de jeunesse et de nouveauté disperse aujourd'hui ce que lui-même rassemblait hier. Et tandis que je ramassais, avec le plus d'ardeur et le plus de curiosité, la dépouille des animaux qui ont vécu aux Jours ou aux Époques pendant lesquels Dieu façonnait la terre et la fécondait de ces débris avant de la donner à l'homme, je songeais à la dispersion future inévitablement destinée à ces restes si précieusement recueillis par moi. En même temps je cherchais le moyen d'opposer au moins un peu de résistance à cette action du temps qui non content de moissonner dans le champ où Dieu sème la vie s'attaque encore aux œuvres de l'homme et se plaît à les renverser. Avec cette différence néanmoins que pour les œuvres de l'homme il les détruit sans retour, tandis qu'il ne lui est permis de toucher à celles de Dieu que pour les transformer et les rajeunir.

Plusieurs peut-être trouveront ces considérations bien élevées pour être appliquées à un sujet aussi vulgaire qu'une collection de fossiles ; c'est qu'ils n'y voudront voir que la collection et non les matériaux dont elle se compose, matériaux bien dignes par leur nature d'inspirer les méditations les plus sérieuses. Quoiqu'il en soit, de ces réflexions naquit la pensée de dresser un inventaire local destiné à servir d'état de lieux aux paléontologistes du pays qui me suivront dans la carrière que j'ai si longtemps parcourue. Cette entreprise, que je commence à mettre à exécution, sera pour moi un point d'arrêt et pour eux un repère à partir duquel ils pourront compter les découvertes qu'ils ne manqueront pas de faire, ou qu'ils ont déjà faites, dans les terrains de la Sarthe si variés, et dont la richesse est en quelque sorte inépuisable.

D'ailleurs, depuis quelques années déjà, le Conseil Général, sur la demande de M. le Préfet, avait daigné encourager mes recherches. C'était donc entrer dans les vues de l'Administration Supérieure du département que d'en publier le résultat. Heureux d'entreprendre ce travail sous les auspices d'un si haut patronnage, je mettrai tous mes soins à le rendre digne d'une telle faveur.

Cette publication que j'intitule ALBUM PALÉONTOLOGIQUE DE LA SARTHE, commence par l'Étage Cénomanien. Elle est destinée à renfermer successivement toutes les espèces de ma collection particulière, recueillies dans le département. J'aurais pu y ajouter celles trouvées par d'autres collecteurs, mais une longue expérience m'a appris que plus on est sobre d'emprunt plus la responsabilité devient sérieuse. C'est pourquoi je ne donnerai la figure que des espèces trouvées par moi-même. Ce sera encore une garantie pour l'exactitude relative aux gisements indiqués dans cet ouvrage.

Pendant plusieurs années, au commencement de la publication de la *Paléontologie française*, je fus choisi par d'Orbigny pour être l'un de ses pourvoyeurs. Tant que durèrent nos rapports, ses notes, ses listes et les autres pièces de correspondance furent conservées avec soin ; aujourd'hui ces documents me sont d'une grande utilité. Le plus grand nombre des espèces représentées dans ma première livraison ont passé sous les yeux de l'éminent paléontologiste, beaucoup sont les types mêmes de son grand ouvrage si malheureusement inachevé. J'aurai soin d'en prévenir dans les légendes explicatives des figures de cet *Album*.

Au lieu de faire dessiner les échantillons j'ai préféré les reproduire par la photographie, moyen plus dispendieux, mais aussi plus fidèle. A cette occasion je dois rendre hommage au désintéressement de M. Gustave, qui, en réduisant notablement ses prix, dans l'intérêt de cette œuvre, a mis à ma disposition son beau talent avec une générosité sans laquelle je n'aurais pu entreprendre un travail dont les proportions deviendront considérables.

L'expérience qu'il a fallu acquérir pour la pose des sujets, pour le choix des couleurs destinées à leur servir de fond, ainsi que pour le numérotage des figures et quelques autres détails, explique le manque d'uniformité qui existe dans les planches de cette première livraison. Nous nous efforcerons de faire disparaître ces défauts dans la suite.

Le texte de cet *Album* ne sera qu'une simple légende. Je réserve les détails pour un catalogue raisonné que j'espère pouvoir publier plus tard.

Les espèces et même les genres sont souvent présentés sans ordre de classification. Il ne m'a pas été possible d'éviter cette imperfection que je suis le premier à regretter. J'aurai même à ajouter à la fin de chaque étage un supplément où seront représentées les espèces égarées dans ma collection, et qui se retrouvent en cours de publication.

Quelquefois je me suis permis de proposer des noms nouveaux pour désigner des espèces que je n'ai vues ni figurées ni décrites, mais les ressources que nous donnent nos bibliothèques de province sont si faibles qu'il est probable qu'un grand nombre de ces espèces présentées comme nouvelles sont déjà publiées ailleurs. Ce sera l'objet d'une rectification ultérieure. Mais en attendant il me fallait un nom pour désigner les objets dont j'avais à expliquer la figure.

Malgré la réduction gracieusement accordée par le photographe, le prix de chaque planche reste nécessairement assez élevé pour que je me sois trouvé dans l'obligation de réduire le tirage à des proportions extrêmement limitées. Mais, afin de rendre cet ouvrage plus abordable, j'ai fait faire une édition miniature dont les figures, aussi fidèles dans leur ensemble, ne sont inférieures que par quelques détails imparfaitement reproduits ou qui ne se voient qu'à l'aide d'une loupe. Et encore ces défauts ne se trouvent que dans un très-petit nombre de planches.

Je termine cet exposé en réclamant l'indulgence de mes confrères en paléontologie pour tous les défauts qu'ils trouveront dans un livre que j'ai composé sans autre prétention que celle de leur être utile dans la mesure de mes forces et dans le sens que j'ai indiqué plus haut.

J'ai donné ailleurs (1) les subdivisions que j'ai observées dans l'étage cénomanien, et signalé les fossiles qui caractérisent chacune d'elles. Ces subdivisions et leurs faunes particulières sont dans l'ordre de la nature. Car, d'une part, les étages se sont formés lentement, successivement, assise par assise, et non d'un seul coup ; d'autre part, les animaux destinés à vivre dans un milieu dont les conditions n'étaient pas encore définies n'ont pas dû être créés tous ensemble, plusieurs même ont dû s'éteindre avant le dépôt de la dernière assise. En cela, l'observation est parfaitement d'accord avec le raisonnement.

Or, quoique l'*Album* que je publie soit exclusivement consacré à la paléontologie, j'aurais néanmoins regardé comme une lacune toute absence d'indications stratigraphiques relatives au cantonnement des espèces. Mais afin d'éviter la confusion qui résulterait d'un trop grand nombre de divisions j'ai dû réunir plusieurs assises pour arriver à l'adoption des cinq groupes suivants.

Zone supérieure caractérisée par l'*Ostrea bi auriculata*.

Zone dite du *Jallais*.

Zone caractérisée par la *Trigonia crenulata (zone à Trigonies)*.

Zone caractérisée par la *Perna lanceolata*.

Zone inférieure caractérisée par le *Pecten asper*.

Le Mans, ce 8 *juin* 1867.

---

(1) Bulletin de la Société Géologique de France. *Réunion extraordinaire tenue au Mans du 25 août au 1ᵉʳ septembre* 1850.

LÉGENDES EXPLICATIVES DES FIGURES

PLANCHE I. (1)

1. Nautilus elegans, Sow. se trouve abondamment dans la zone à *Pecten asper*. Celui représenté dans la planche 1, a été recueilli par moi dans la zone des *huîtres bi-auriculées*; il est un peu moins gonflé que le type de l'espèce et se trouve rarement dans cette assise.

2. Nautilus triangularis, Montfort. Sp. Très-abondant dans la zone des *huîtres bi-auriculées*; se retrouve plus bas, jusqu'au niveau du *Pecten asper*. Jusqu'ici ce fossile a été figuré avec la bouche anguleuse. C'est une erreur. Les chambres à air seules se terminent en carène, mais la loge qui renferme l'animal est parfaitement arrondie. Ce caractère existe à tous les âges ainsi qu'on peut le voir en brisant un exemplaire adulte. Celui-ci vient de la couche des *huîtres bi-auriculées*.

PLANCHE II.

1. 5. Ammonites Rothomagensis, Lamk. Exemplaires adultes.

2. Le même brisé laissant voir les chambres à air. — Fig. 6. Noyau du même présentant des séries de tubercules saillants qui s'émoussent et s'effacent en partie avec l'âge. Cette espèce se rencontre à tous les niveaux de l'étage cénomanien. Les échantillons figurés proviennent de la zone à *Trigonies*.

4. Ammonites confusus. L'espèce que je désigne sous ce nom est souvent confondue avec la précédente et avec l'*Amm. cenomanensis* dont elle diffère par des caractères constants. Je l'ai fait figurer trois fois. L'exemplaire de cette planche est un jeune âge et provient de la zone à *Perna lanceolata*, partie supérieure.

<hr>

(1) Quand les planches ne sont pas chiffrées, le dessin d'en haut représente la figure 1re. Si la planche contient quatre fossiles, les deux d'en haut sont les figures 1 et 2, en commençant par la gauche, ainsi que le représente la figure suivante :

1.	2.
3.	4.

PLANCHE III.

1. Ammonites confusus, *Adulte*. Provient de la même zone que le précédent.

2. Ammonites Largilliertianus, d'Orb. Cette espèce, à l'état de moule, est facile à confondre avec l'*Amm. Requienianus* et ne s'en distingue bien que par l'absence d'ombilic. Elle se trouve au niveau des *huîtres bi-auriculées*. Elle est assez rare.

PLANCHE IV.

1. Ammonites Sartheusis. *Jeune âge.* L'espèce que je désigne ainsi prend des proportions considérables A l'état adulte le dernier tour est parfaitement lisse; on aperçoit dans l'ombilic les côtes qui caractérisent les âges précédents. Elle se trouve un peu au-dessus du niveau caractérisé par le *Perna lanceolata*. Peu abondante.

2. Ammonites varians, Sow. Se trouve dans la Sarthe au niveau caractérisé par le *Pecten asper*.

3. 3. Ammonites falcatus, Mantel. Un fragment vu sur le dos et sur la face. Cette espèce est rare dans la Sarthe, on ne la trouve guère que dans une couche ferrugineuse qui occupe la base de l'étage cénomanien, et dans une couche d'argile feuilletée qu'on rencontre quelquefois au même niveau.

4. Ammonites Rothomagensis? Lamk. Cette forme très-fréquente parmi les *huîtres bi-auriculées* pourrait bien constituer une espèce particulière.

5. 6. Ammonites complanatus. Mantel. Espèce rare occupant à peu près le même horizon que le *Perna lanceolata*; on la trouve en société avec l'*Anorthopygus orbicularis*.

PLANCHE V.

1. Ammonites Couloni? d'Orb. Cette espèce est commune dans tous les niveaux de l'étage cénomanien; elle varie par le nombre des côtes et des tubercules. Son enroulement est presque toujours oblique et sa forme plus

TERRAIN CRÉTACÉ.

PLANCHE V.

ou moins déprimée doit dépendre de circonstances accidentelles. L'échantillon provient de la zone des *huttres bi-auriculées*.

2. Ammonites Geslinianus, d'Orb. Cette espèce assez mal représentée sera reproduite dans un supplément. Elle est rare dans la Sarthe. L'exemplaire figuré provient de Berfay.

3. 5. Ammonites navicularis, Sow. Espèce encore assez vaguement définie, dont les côtes sont tantôt lisses tantôt garnies de tubercules. Se trouve dans toute l'épaisseur de l'étage cénomanien. le n° 3 provient de la couche à *Trigonies*, le n° 5 de la couche immédiatement inférieure.

4. Ammonites ? c'est une des espèces confondues avec l'*Ammonites Rothomagensis*. L'échantillon provient de Rouen (montagne Sainte-Catherine).

4'. 6. Turrilites costatus, Lamk. Cette espèce se trouve depuis la partie moyenne jusqu'à la partie inférieure de l'étage cénomanien, le n° 4', est de la zone à *Pecten asper* ; le n° 6 de la zone à *Trigonies*.

7. Ammonites Rothomagensis, Lamk. Noyau armé de tubercules nombreux et saillants constituant une variété.

8. Nautilus Largilliertianus, d'Orb. Cette espèce se trouve à la partie moyenne et inférieure de l'étage cénomanien ; les deux échantillons figurés proviennent de la zone à *Perna lanceolata*.

8'. Scaphites obliquus, Sow. Se trouve dans toute l'épaisseur de l'étage cénomanien, mais plus abondamment à la base, où il est mêlé au *Sc. æqualis* avec lequel on le confond souvent. Quant au *Scaphites Rochatianus*, il est beaucoup plus rare et semble cantonné dans la zone aux *Trigonies*. L'exemplaire de l'espèce figurée provient de cette dernière couche.

PLANCHE VI.

1. Ammonites Cenomanensis, d'Orb. Exemplaire dont les forts tubercules sont brisés mais dont l'assemblage des cloisons est apparent sur plusieurs points. La détermination de cette espèce ne peut laisser aucun doute puisque c'est moi qui ai fourni à M. d'Orbigny l'exemplaire qui lui a servi de type. Cette ammonite est rare et son gisement cantonné sur un seul point, n'est plus en exploitation. Stratigraphiquement son horizon se rapporte au niveau caractérisé par la *Trigonia neglecta*.

2. Ammonites Mantelli, Sow. Espèce appartenant à un groupe encore peu connu, malgré les dernières études de M. Pictet. Celle que j'ai figurée se rapporte à la planche et à la

PLANCHE VI.

description de d'Orbigny. Elle provient de Saint-Calais ou elle occupe un niveau inférieur à celui du *Trigonia crenulata*. Elle est rare ailleurs.

PLANCHE VII.

1. Ammonites ? Un seul exemplaire ne permet pas de proposer la création d'une espèce. L'échantillon appartient au groupe des *Am. Rothomagensis*, mais diffère assez de toutes les autres espèces pour en être distingué. Il provient de la zone caractérisée par les *Trigonies*.

2. Ammonites Cenomanensis, d'Orb. C'est l'autre face de l'échantillon figuré pl. vi, fig. 1.

3. Ammonites Austeni, Sharp. Cette belle espèce qui atteint une taille considérable appartient à une zone parallèle au *Perna lanceolata*. L'échantillon figuré provient du Greffier. Rare.

4. Ammonites Renevieri, Sharp. C'est encore une espèce appartenant au même niveau stratigraphique.

PLANCHE VIII.

1. Ammonites confusus. Déjà figurée dans les planches ii et iii.

2. Ammonites Sarthensis. *Var.* ? Cet échantillon, plus développé que celui représenté dans la planche iv, fig. 1, commence à devenir lisse sur son dernier tour. Déjà les côtes qui disparaîtront tout à fait ne sont plus apparentes qu'au pourtour de l'ombilic. Le dos est coupé carrément et c'est uniquement pour cela que je le considère comme une variété, l'espèce ayant toujours le dos arrondi à l'âge ou le dernier tour devient lisse. Se trouve au même niveau que le type.

PLANCHE IX.

1. Turritella gracilis. Ed. Guér. *Répert.* Echantillon imparfait. Les ornements extérieurs m'ont paru assez tranchés pour désigner ce fossile par un nom spécifique. Se trouve au même horizon que les *huttres bi-auriculées*.

2. Turritella ornata, d'Orb. *Paléont. fr.* (texte) et *Prod.* Echantillon unique, incomplet : zone du Jallais.

3. Turritella ? Échantillon trop incomplet pour être nommé.

4. Scalaria Guerangeri, d'Orb. *Pal. fr.* (texte) et *prod.* : zone du *Jallais*.

5. Turritella alternata. Ed. Guér. *Répert.* Espèce douteuse que j'ai nommée sur un

TERRAIN CRÉTACÉ.

PLANCHE IX.

seul échantillon incomplet : niveau des *huîtres bi-auriculées*.

6. Turritella Goupiliana, d'Orb. *Pal. fr.* (texte) et *prod.* Même observation que pour la précédente, quoique l'échantillon figuré soit le type de d'Orbigny : niveau du *Jallais*.

7. Turritella Guerangeri, d'Orb. *Pal. fr.* (texte) et *prod.* Même observation. — Même *gisement*.

8. Turritella Sarthensis. Ed. Guér. *Répert.* Cette espèce que j'ai rencontrée plusieurs fois m'a semblé suffisamment caractérisée pour être désignée par un nom spécifique. Se trouve dans le *Jallais*.

9. 10. 11. Turritella Cenomanensis, d'Orb. *Prod.* Cette espèce est très-commune dans la zone à *Perna lanceolata*. La fig. 9 représente un moule intérieur.

12. Fusus? J'indique pour mémoire ce fossile que je rencontre souvent dans la zone des *huîtres bi-auriculées*, mais trop incomplet pour être déterminé.

13. Eulima Cenomanensis. J'ai rencontré ce joli fossile depuis la zone aux *huîtres bi-auriculées*, jusqu'à celle du *Jallais*. Le bourrelet de la bouche est toujours bien conservé. Il est rare.

14. Chemnitzia elegans. Je désigne ainsi une charmante espèce que j'ai trouvée plusieurs fois dans la zone des *huîtres bi-auriculées*.

15. Chemnitzia incerta. C'est le seul échantillon que je possède de cette espèce trouvée au même niveau que la précédente.

16. 17. Acteon Cenomanensis. Je désigne sous ce nom une espèce que je trouvais autrefois à Coulaines avec d'autres fossiles tout aussi curieux. Aujourd'hui il n'existe plus aucune carrière dans cette intéressante localité. Niveau du *Perna lanceolata*.

18. Avellana cassis, d'Orb. Commun dans toute l'épaisseur de l'étage cénomanien. Il y a néanmoins une différence sensible dans l'ornementation des échantillons provenant des différentes zones, ce qui m'avait engagé à désigner sous le nom de *Avellana Cenomanensis*, la forme qui se rencontre dans les couches supérieures : *Essai d'un répertoire paléontologique*. Les deux fig. 24 sont destinées à faire voir la différence. La première provient des couches moyennes du Mans, la seconde a été recueillie par moi à Rouen, dans la zone du *Pecten asper*.

19. Avellana elongata, Ed. Guér. *Répert.* J'ai cru devoir maintenir cette espèce à

forme allongée qui se trouve au Mans dans la zone des *huîtres bi-auriculées*. Rare.

20. Nerinea monilifera, d'Orb. Trois exemplaires d'une espèce élégante qui se trouve fréquemment au niveau des *huîtres bi-auriculées*.

21. Globiconcha rotundata, d'Orb. Une coquille et un moule. Ce fossile se trouve au même niveau que le précédent. Plus commun.

22. Varigera Guerangeri, d'Orb. Ce fossile est rare; je l'ai trouvé à La Trugale, à la partie supérieure du niveau à *Perna lanceolata*.

23. Nerinea Cenomanensis. Quoique cette espèce se trouve fréquemment dans le *Jallais*, il est rare de la rencontrer recouverte de son test. J'ai cru devoir lui donner un nom.

24. 25. Avellana. Deux échantillons, portant l'un et l'autre le chiffre 24, mentionnés à la *fig.* 18.

26. Pterodonta minima? Quoique cette coquille n'ait pas tous les caractères des Ptérodontes de d'Orbigny, j'ai cru néanmoins devoir la placer provisoirement dans ce genre, à cause de la dent allongée qu'elle porte à l'intérieur du labre. Je l'ai trouvée dans les sables du *Jallais*.

PLANCHE X.

1. Natica tuberculata, d'Orb. *Prodrome.* C'est la première fois que cette charmante espèce est figurée. On la trouve au même niveau que les *huîtres bi-auriculées*. Elle est rare.

2. 3. Natica acuta, Ed. Guér. *Répert.* Cette espèce dont la spire se termine en pointe très-aiguë se trouve au niveau des *huîtres bi-auriculées* et au-dessous.

4. Natica Varusensis? d'Orb. C'est avec doute que je nomme ce fossile sur la simple indication du *Prodrome*. Les descriptions qui se trouvent dans cet ouvrage sont en général trop brèves. Niveau des *huîtres bi-auriculées*.

5. Natica? Espèce bien tranchée sur laquelle il me manque des renseignements. Se trouve au niveau du *Perna lanceolata*.

6. Natica difficilis, d'Orb.? Ce moule, plus oblique que celui figuré dans la *Paléontologie française*, pourrait bien être celui de l'*Helix Gentii?* Sow. *Natica Gentii*, d'Orb. Se trouve à l'horizon des *huîtres bi-auriculées*.

7. Nerita Orbignyi. Je dédie cette coquille rare à la mémoire du savant qui a donné à la Paléontologie française une si forte impulsion. Cet exemplaire unique a été trouvé par moi au

PLANCHE X.

Mans, carrière de la Butte, niveau *des Trigonies*.

8. Stomatia bicarinata. Espèce charmante que j'ai découverte à Coulaines, niveau à *Perna lanceolata*.

9. Neritina Cenomanensis. Cette petite coquille a conservé les dessins onduleux dont elle était ornée pendant sa vie. Il est regrettable que la photographie ne les ait pas indiqués. Ce procédé de reproduction si fidèle exige une attention et des soins continuels. On trouve ce joli fossile au niveau des *Trigonies* et quelquefois imprimé avec ses couleurs dans les feuillets d'argile dépendants de cet horizon.

10. Pileolus Cenomanensis. C'est l'espèce à laquelle, dans mon *Répertoire*, j'avais donné le nom de *Pileolus cretaceus*. Or comme je trouve dans le *Prodrome* de d'Orbigny, sous la même désignation, une espèce lisse trouvée à Saint-Calais, je suis obligé de changer mon premier nom.

J'ai recueilli ce charmant petit fossile, qui n'est pas lisse comme celui de Saint-Calais, dans la zone caractérisée par l'*Ostrea bi avriculata*.

11. Neritopsis pulchella, d'Orb. C'est le seul exemplaire que j'aie trouvé. Il provient de la couche du *Jallais*.

12. Turbo radiatus. Le dernier tour de spire est entouré d'un cercle d'épines rayonnantes. Exemplaire unique, d'une conservation parfaite trouvé par moi dans la zone caractérisée par le *Perna lanceolata*.

13. 15. Turbo biculiratus, d'Orb. Ce sont les échantillons qui ont servi à d'Orbigny pour créer cette espèce. Se trouve dans le *Jallais*.

16. Trochus Marçaisi, d'Orb. Mêmes remarques que pour le précédent, et même gisement.

17. Trochus Basteroti? Brong. C'est avec doute que je rapporte cette espèce au *T. Basteroti* de Brongniart. Ce sont bien les mêmes ornements, mais ce n'est pas tout à fait la même coupe ; la base est plus plane.

Ce trochus rare dans la Sarthe, est plus commun à Rouen où je l'ai recueilli, à la Montagne Sainte-Catherine, presque toujours à l'état de moule et par conséquent privé de ses ornements. L'échantillon figuré provient de la zone à *Perna lanceolata* d'Yvré-l'Évêque.

18. Trochus Guerangeri, d'Orb. C'est cet échantillon qui a servi à faire l'espèce et la figure *restaurée* de la *Paléontologie française*. Se trouve au niveau du *Jallais*.

19. Trochus Sarthinus, d'Orb. Exem-

PLANCHE X.

plaires qui ont servi à la *Paléontologie française*. La figure de cet ouvrage est peu exacte. On trouve ce petit fossile dans les sables du *Jallais* où il n'est pas rare. Il présente des ornements variés qui pourraient bien constituer des espèces différentes. On le trouve encore dans la zone des *huîtres bi-auriculées*.

20. Pitonellus Archiacianus, d'Orb. Cette espèce élégante et presque toujours bien conservée se trouve depuis la zone à *Perna lanceolata*, jusqu'à celle caractérisée par les *huîtres bi-auriculées*.

21. Solarium Michelini. Ed. Guér. *Répert*. L'ombilic, relativement large et entouré de tubercules, m'a fait ranger cette petite espèce parmi les *Solarium*. Elle se trouve dans le *Jallais* et un peu au-dessous. Rare.

22. Helicocryptus ornatus. Ed. Guér. *Répert*. L'espèce que je désigne sous ce nom se trouve dans la zone à *Perna lanceolata*, les échantillons proviennent de Coulaines.

23. Helicocryptus radiatus, d'Orb. Espèce plus petite et moins ornée. Son principal gisement est dans la zone des *huîtres bi-auriculées*.

24. Delphinula scalaris. Ed. Guér. *Répert*. M. d'Orbigny, trompé par un échantillon très-mutilé de ma collection, le seul que j'eusse encore trouvé alors, avait rangé cette coquille parmi les *Solarium*. Aujourd'hui je suis en mesure de la placer dans le genre auquel elle appartient, en lui conservant le nom spécifique donné par d'Orbigny. C'est encore un des fossiles remarquables de Coulaines, zone à *Perna lanceolata*.

25. Delphinula tuberculata. Ed. Guér. *Répert*. Cette espèce rare appartient à la zone à *Perna lanceolata*.

26. Straparolus Guerangeri, d'Orb. Échantillon figuré dans la *Paléontologie française*. Espèce très-rare que j'ai découverte dans le *Jallais*.

27. Turbo? Trop fruste pour être déterminé comme espèce.

28. Turbo Lorieri, d'Orb. Se trouve dans les sables du *Jallais*.

29. Opercule. Figurée dans la *Paléontologie française*. T. 11, pl. 186, fig. 7-8. Sables du *Jallais*.

30. 31. Turbo Cenomanensis. Espèce rare, élégamment ornée, que j'ai découverte dans la zone à *Perna lanceolata*, et que je désigne par un nom spécifique.

32. 33. Turbo Guerangeri, d'Orb. Ces deux exemplaires ont été communiqués à d'Or-

TERRAIN CRÉTACÉ.

PLANCHE X.

bigny et ont servi à composer le dessin figuré dans la *Paléontologie française*. Se trouve au niveau du *Jallais*.

34. 35. Turbo Octavius, d'Orb. *Prodr.* Turbo *tricostatus*, d'Orb. *Paléont.* Mêmes observations que pour le précédent. J'ajouterai néanmoins que cette dernière espèce, moins rare, se trouve depuis la zone à *Trigonies* jusqu'à celle qui est caractérisée par les *huîtres bi-auriculées*.

36. Opercules. Figurées dans la *Paléontologie française*. T. II, pl. 186 *bis*, fig. 13-16. Assez communes dans les sables du *Jallais*.

37. 38. 39. Turbo Gestini, d'Arch. Cette jolie coquille à labre prolongé et légèrement réfléchi se trouve dans la zone à *Perna lanceolata*, la même espèce existe dans le *Jallais*, mais seulement à l'état de moule. Alors la spire est émoussée, c'est ce qui avait conduit d'Orbigny à lui donner le nom de *Turbo obtusus*.

40. Delphinula tuberculata, Ed. Guér. *Répert.* Voyez ci-dessus fig. 25.

41. Turbo Sarthensis. Je désigne sous ce nom une petite espèce à spire peu saillante, ornée sur chaque tour de cinq lignes en relief, entre lesquelles se trouve une ligne beaucoup plus faible. J'ai recueilli ce fossile, à parure élégante, dans la même zone que l'*Ostrea bi-auriculata*. Rare.

PLANCHE XI.

1. et 16. Rostellaria calcarata, Sow. J'ai recueilli cette espèce à Coulaines, dans un grès dépendant de l'horizon à *Perna lanceolata*. Je l'ai observée encore dans une zone plus élevée.

2. Strombus ? Le seul exemplaire que je possède est trop incomplet pour être placé avec certitude dans le genre *Strombus*, auquel néanmoins il se rapporte par plusieurs caractères. Provient du même grès de Coulaines.

3. Pterocera membranacea, Ed. Guér. *Répert.* Charmante petite coquille enveloppée toute entière dans son expansion ailée. Je l'ai découverte dans les mêmes grès de Coulaines.

4. 5. Mitra Cenomanensis, Ed. Guér. *Répert.* Diffère de la suivante par des côtes moins nombreuses et plus saillantes.

6. Mitra gracilis, Ed. Guér. *Répert.* J'ai encore recueilli ces deux jolies espèces à Coulaines.

7. Voluta Desportesii, Ed. Guér. *Répert.* Cette espèce à côtes saillantes rappelant la forme de certaines scalaires, occupe le même niveau que les *huîtres bi-auriculées*.

PLANCHE XI.

Dédiée à la mémoire de M. Desportes, ancien conservateur du musée du Mans.

8. Voluta Æquata, Ed. Guér. *Répert.* Cet exemplaire provient des couches à *Ostrea bi-auriculata*.

9. 11. 12. Voluta elongata, d'Orb. La fig. 11 représente un des types mentionnés dans la *Paléontologie française*; la fig. 12 un moule intérieur de la même espèce; la fig. 9 un échantillon encrouté par un bryozoaire et trop engagé dans la roche pour que la détermination en soit certaine. Cette espèce appartient au niveau du *Jallais*. Le n° 9 est de Coulaines.

10 et 14. Voluta gibbosa, Ed. Guér. *Répert.* Je n'ai jamais trouvé cette espèce entière. Elle occupe le même niveau que les *huîtres bi-auriculées*.

13. Voluta Guerangeri, d'Orb. Type de l'espèce de d'Orbigny. C'est l'échantillon figuré dans la *Paléontologie française*. Je l'ai recueilli dans le *Jallais*.

15. Rostellaria Parkinsoni ? Mantell. Je marque cette espèce d'un point de doute. Les Rostellaires des terrains crétacés étant presque toujours mutilées, leur détermination devient difficile. Plus on consulte les auteurs et les collections, plus on est convaincu de la confusion qui existe sur ce point. Nos échantillons figurés sous le n° 15, nous ont paru identiques avec celui représenté dans le *Min. Conch.*, pl. 558, fig. 3, *upper*. — Ils ont été recueillis dans la couche à *Ostrea bi auriculata*.

PLANCHE XII.

1. Pterocera incerta, d'Orb. C'est le premier nom donné à cette coquille par d'Orbigny, qui, plus tard crut devoir la ranger parmi les *Strombes*. Je ne puis partager cette dernière opinion attendu que je possède un échantillon très-mutilé qui montre néanmoins des digitations courbes et fort allongées. Ce fossile est commun dans les couches à *huîtres bi-auriculées* ; on le trouve encore plus bas, mais à mesure qu'on descend il devient plus rare.

2. Rostellaria ? Je ne donne pas de nom spécifique à cette espèce treillisée que je place avec hésitation dans le genre Rostellaire. Son niveau est le même que celui des *huîtres bi-auriculées*. Je ne l'ai trouvée qu'à l'état de moule, toujours incomplet.

3. Strombus ? Echantillon unique, à l'état de moule, provenant du même horizon que le précédent.

4. Rostellaria simplex ? d'Orb.

TERRAIN CRÉTACÉ.

PLANCHE XII.

5. Rostellaria papilionacea ? Goldf.
Ces deux espèces, différentes l'une de l'autre par la forme et la direction de l'aile, se trouvent au même niveau que les deux précédents fossiles. Je ne les connais qu'à l'état de moule.

6. Pleurotomaria Lahayesi , d'Orb.
Cette espèce de grande taille et élégamment ornée, dans les échantillons bien conservés, se trouve fréquemment dans le *Jallais*.

PLANCHE XIII.

1. Pleurotomaria Mailleana , d'Orb.
Espèce peu commune, toujours mutilée, occupant l'horison du *Jallais*.

2. 3. Pleurotomaria globosa, Ed. Guér. *Répert*. Je désigne ainsi une espèce caractérisée par la forme globuleuse que présente l'ensemble de la spire. Se trouve dans le niveau à *Perna lanceolata*. Rare.

4 et 11. Pleurotomaria Guerangeri, d'Orb. L'exemplaire de la fig. 4 est représenté dans la *Paléontologie française*. Je trouve cette espèce depuis le *Jallais* jusqu'au niveau à *Perna lanceolata*.

5. Pleurotomaria Cassisiana ? d'Orb.
C'est avec hésitation que je rapporte cette espèce au jeune âge du *Pl. Cassisiana* de d'Orbigny. Je ne l'ai trouvée qu'une fois dans la zone à *Perna lanceolata*.

6. Pleurotomaria ? C'est cette petite coquille que j'ai désignée dans mon *Essai d'un répertoire Paléontologique* sous le nom de *Pl. eximia*. Aujourd'hui je suis porté à croire que c'est le jeune âge du *Pl. Guerangeri*.

7. Pterocera inflata, d'Orb. Rostellaria inflata, Passy. Cette espèce si commune à Rouen se trouve dans la Sarthe au même horison, zone à *Pecten asper*.

8. 9. Pleurotomaria ? L'un est un moule interne, l'autre est recouvert d'un test tellement fruste qu'on n'y trouve aucune ornementation, la bande qui caractérise les Pleurotomaires y est accusée d'une manière douteuse. *Le Jallais*.

10. Pleurotomaria Cenomanensis , Ed. Guér. *Répert*. Cette espèce est caractérisée par une gorge profonde, imprimée sur les tours de spire et par une ornementation particulière. Je l'ai découverte dans le *Jallais*.

11. Pleur. Guerangeri, Voir fig. 4.

12. Pyrula ? Fossile trop-mutilé pour le placer avec certitude dans ce genre avec lequel il a beaucoup de rapport. Le *Jallais*.

13. Fusus Cenomanensis. Je désigne ainsi une espèce de Coulaines appartenant à la zone à *Perna lanceolata*.

PLANCHE XIII.

14 et 26 ?? Columelle encroutée, canal rudimentaire, coquille ornée de stries circulaires. Ce fossile pourrait bien appartenir au genre *Purpura* dans lequel je n'ose néanmoins le placer. Les deux exemplaires fig. 26, sont peut-être des jeunes dont la columelle n'est pas encore encroutée? Se trouve dans le *Jallais*.

15. Fusus Cenomanensis. Se trouve assez souvent, et toujours à l'état de moule, parmi le *Jallais*.

16. Fusus ? Échantillon très-incomplet, figuré pour mémoire. C'est peut-être la même espèce que la fig. 22.

17. Fusus Requienianus? d'Orb. Je doute de l'identité de cette espèce que d'Orbigny place dans l'étage turonien; la nôtre appartient au *Jallais*.

18. Fusus Renauxianus , d'Orb. Déterminé par d'Orbigny qui a eu cet échantillon sous les yeux. Se trouve dans le *Jallais*.

19. 20. 21. 23. Fusus. Espèces différentes, mais trop incomplètes pour recevoir des noms spécifiques.

22. Fusus Sarthinus. Se trouve au même niveau que les *huîtres bi-auriculées*.

24. 25. Fusus pulchellus. La charmante petite espèce que je désigne sous ce nom se trouvait à Coulaines dans la couche à *Perna lanceolata*.

27. Natica perforata. Ombilic très-profond, dernier tour de spire largement canaliculé en dessus. Cette espèce appartient au même gisement que la précédente.

28. Cerithium anomalum. Cette coquille que je place provisoirement dans le genre *Cerite* n'en possède pas tous les caractères. Son canal est à peine indiqué. Je l'ai recueillie parmi les *huîtres bi-auriculées*.

29. Cerithium verum. J'ai découvert cette espèce dans les sables du *Jallais* où elle est rare.

30. Natica Cenomana. Je désigne ainsi une charmante coquille à spire aplatie, ornée de cercles en relief traversés par de nombreuses stries d'accroissement. Se trouve au même niveau que les *huîtres bi-auriculées*.

31. Acteon inornatus, Ed. Guér. *Répert*. J'ai recueilli à Coulaines cette petite espèce, dans la couche à *Perna lanceolata*.

32. Fusus ? Je n'ai aucune observation à faire **33. Fusus ?** sur ces deux espèces que leur état de mutilation rend difficiles à classer. J'ai trouvé la première dans le *Jallais* et la seconde à Coulaines.

PLANCHE XIV.

1. Cerithium Guerangeri, d'Orb. Les échantillons sont figurés et décrits dans la *Paléontologie française*. J'ai découvert cette belle espèce dans les couches caractérisées par l'*Ostrea bi auriculata*, où elle n'est pas rare.

2. Cerithium Hector? d'Orb. Je marque d'un? cette espèce indiquée dans le *Prodrome* et trop brièvement décrite par d'Orbigny. Se trouve au même niveau.

3. Cerithium cylindraceum. Je désigne ainsi une petite coquille senestre. Chaque tour de spire est orné de trois côtes circulaires, et l'ensemble présente une forme cylindracée. Se trouve dans le *Jallais*. La fig. 15 représente un individu de la même espèce? A tours de spire plus resserrés.

4. Cerithium asper. Tours fortement treillissés à mailles rapprochées et excavées, nœuds saillants. J'ai trouvé cette espèce parmi les sables du *Jallais*.

5. Cerithium Gallicum, d'Orb. Décrit et figuré dans la *Paléontologie française* sur des échantillons de ma collection. Se trouve dans le *Jallais*

6. 7. Cerithium Cenomanense, d'Orb. Indiqué et non figuré dans la *Paléontologie française*. Cette espèce a été créée par d'Orbigny sur des échantillons de ma collection. Se trouve dans le *Jallais*.

8. Cerithium Maulnyi. Je dédie cette espèce à M. de Maulny qui le premier s'est occupé de la Paléontologie de la Sarthe. C'est à la collection de ce naturaliste que la ville du Mans doit la création de son musée. J'ai trouvé cette coquille dans les sables du *Jallais*.

9 et 19. Cerithium Colonise. Nom donné en souvenir de Coulaines, localité où j'ai trouvé cette espèce, et que j'ai déjà eu si souvent l'occasion de mentionner.

10. Cerithium eximium. Cette espèce des plus élégantes par sa forme et la finesse des détails de son ornementation se trouve dans la zone caractérisée par les *huîtres bi-auriculées*.

11. Cet échantillon, égaré dans cette planche, est un très-jeune âge du *Nerinea monilifera*.

12. Cerithium distinctum. Le dernier tour est orné de cinq côtes circulaires : une petite, une forte et trois moindres. Dans les tours supérieurs la première côte est cachée par l'enroulement. J'ai recueilli cette espèce dans les sables du *Jallais*.

13. 14 et 16. Cerithium Sarthacense, d'Orb. C'est le *C. limeforme* de la *Paléontologie française*. L'espèce a été décrite et figurée d'après les échantillons de ma collection.

PLANCHE XIV.

15. Voyez fig. 3.

17. C'est peut-être un exemplaire fruste du *Cer. Guerangeri*.

18. Ce moule figuré pour mémoire n'est pas assez complet pour recevoir un nom spécifique.

20. Emarginula nodosa, Ed. Guér. *Répert*. Se trouve dans la zone à *Perna lanceolata*.

21. Helcion Orbignyi, Ed. Guér. *Répert*. Échantillon unique, recueilli à Coulaines.

22. Emarginula Cenomanensis, Ed. Guér. *Répert*. Côtes rayonnantes, planes. Se trouve à Coulaines.

23. Emarginula striata, Ed. Guér. *Répert*. C'est peut-être la même que l'*Em. Pelagica?* Passy. Elle diffère de toutes les autres par l'entaille placée du côté où le crochet est infléchi et par son ornementation qui consiste en stries fines et réticulées. Je l'ai recueillie à Coulaines, zone à *Perna lanceolata*.

24. 25. Emarginula Guerangeri, d'Orb. Les rayons sont composés alternativement d'une grosse côte et d'une petite, toutes reliées ensemble par des cercles concentriques. Cet arrangement forme un dessin treillagé fort élégant. Les échantillons décrits et figurés dans la *Paléontologie française*, ont été pris dans ma collection. On trouve cette belle espèce depuis la zone du *Jallais* jusqu'au niveau à *Perna lanceolata*, mais le plus souvent à l'état de moule. Les exemplaires que j'ai figurés proviennent de Coulaines.

26. Bulla ornata, Ed. Guér. *Répert*. Espèce fort rare que je n'ai trouvée qu'une seule fois, et encore à l'état de moule, dans le *Jallais*.

27. Emarginula compressa, Ed. Guér. *Répert*. Cette espèce diffère de l'*Em. Guerangeri*, par l'absence presque complète de petites côtes intercalaires, et aussi par sa forme comprimée. Un seul exemplaire trouvé dans la zone à *Perna lanceolata*.

28. 30. 31. 33. Emarginula conica. Petite espèce réticulée, ayant la forme d'un cône allongé dont le sommet est incliné. Se trouve dans la zone à *Perna lanceolata*. La fig. 30 représente un moule.

29. 32. Emarginula granulosa, Ed. Guér. *Répert*. Espèce moins élevée que la précédente, crochet peu incliné, côtes rayonnantes granuleuses. Se trouve avec la précédente.

34. Helcion? truncatum. Cette coquille a la forme extérieure d'une patellidée ; néanmoins comme je n'ai pu dégager la bouche, je ne suis pas certain qu'elle n'appartienne pas au genre *Pileolus*. Elle provient de Coulaines.

PLANCHE XIV.

35. Bulla Orbignyi, Ed. Guér. *Répert.* Échantillon unique, à l'état de moule, provenant de la zone caractérisée par les *huîtres bi-auriculées.*

36. Dentalium lineatum, Ed. Guér. *Répert.* Cette espèce me parait différer par son ensemble et par ses détails de toutes celles figurées par Sowerby. Elle se trouve dans la même couche que les *huîtres bi-auriculées,* et descend jusques dans la zone à *Pecten asper.*

37. Dentalium deforme, Lamk. Je place ici ce fossile que Lamarck avait pris pour un *Dentalium* et qui est un *Ditrupa.* L'espèce appartient à un niveau supérieur à celui qui nous occupe dans ce moment ; nous aurons occasion d'y revenir quand nous traiterons de l'étage Turonien.

PLANCHE XV.

1. 2. Solecurtus Acteon, d'Orb. Cette espèce non encore figurée, se trouve dans la même zone que les *huîtres bi-auriculées* et dans le *Jallais.*

3. Solecurtus æqualis, d'Orb. Espèce particulière au niveau de Coulaines.

4. Solecurtus Guerangeri, d'Orb. La description et la figure de la *Paléontologie française* ont été faites sur des échantillons de ma collection. Je trouve cette espèce dans la même couche que les *huîtres bi-auriculées* et dans le *Jallais.*

5. Solecurtus elegans, d'Orb. *Paléont.* **Sol. radians, d'Orb.** *Prodr.* Ce sont les exemplaires de ma collection qui ont servi pour la description et les figures de la *Paléontologie française.* Cette espèce provient du niveau à *Perna lanceolata* de Coulaines.

6. Solecurtus Pelagi, d'Orb. *Prodr.* Espèce bien voisine du *Sol. Guerangeri.*

7. Anatina Cenomanensis. Je désigne ainsi une coquille que je ne connais qu'à l'état de moule et que j'ai trouvée à la partie supérieure de la zone aux *Trigonies.*

8. Capsa Cenomanensis. C'est ainsi que je désigne une espèce pourvue sur toute sa surface de côtes rayonnantes. Les rayons de la région anale sont droits, beaucoup plus forts, à bords aigus, non ondulés ; entre chacun se trouve une plus petite côte. Provient de Coulaines.

9. Capsa elegans, d'Orb. C'est l'échantillon type sur lequel d'Orbigny a fait la description et la fig. de la *Paléontologie française.* Je l'ai recueilli dans les grès de Coulaines.

10. Capsa Colonæ. Cette belle espère de

PLANCHE XV.

Coulaines diffère de la précédente par sa forme moins bombée, plus allongée et par ses rayons moins onduleux.

11. Arcopagia radiata, d'Orb. Cette espèce, très-élégante se trouve à peu près à tous les niveaux de l'étage cénomanien.

12. Astarte circularis. Ce nom désigne la forme circulaire de notre espèce qui est ornée de stries concentriques comme à peu près toutes les espèces du même genre. Se trouve dans le *Jallais.*

13. Arcopagia reticulata. Les stries circulaires sont plus profondes que dans l'*Arc. radiata.* Les stries rayonnantes sont imprimées en crénelures sur la partie qui se trouve dans l'intervalle de deux côtes. Occupe le même niveau que les *huîtres bi-auriculées.*

14. Capsa concentrica. Outre les rayons qui partent du sommet et s'ouvrent en éventail pour recouvrir la partie anale de cette charmante espèce, la coquille était recouverte en entier de stries fines circulaires. Je ne connais ce fossile que par des empreintes très-nettes laissées sur un grès provenant de la zone à *Perna lanceolata.* L'échantillon figuré est un moule en plâtre pris sur une de ces empreintes.

15. Lucina Nereis, d'Orb. Malgré la courte description qui se trouve dans le *Prodrome,* je crois pouvoir rapporter avec certitude cette figure à l'espèce de d'Orbigny qui a reçu nos échantillons en communication. La figure à gauche montre une charnière dégagée. Se trouve au même niveau que les *huîtres bi-auriculées.*

16. Arcopagia crenulata. (Fig. placée à droite). Les stries circulaires sont échancrées par les rayons. Les ornements de cette coquille ont beaucoup de rapport avec ceux de l'espèce représentée à la *fig. 13.* La différence est dans la forme plus bombée et moins allongée, les côtes sont plus lamelleuses et plus écartées.

La figure placée à gauche est une vue intérieure qui montre les détails de la charnière et le sinus de l'impression palléale. Elle appartient à l'*Arcopagia reticulata.*

L'*Arcopagia crenulata* se trouve dans la zone à *Perna lanceolata.* Je l'ai recueilli à Changé dans des carrières aujourd'hui abandonnées.

PLANCHE XVI.

1. Corbula elegans ? Sow. C'est avec doute que je rapporte cet échantillon à l'espèce de Sowerby. Les ornements de la coquille, frustes ou encroûtés ne montrent pas leurs détails avec assez de netteté. Ce petit fossile se rencontre plus particulièrement dans la zone à

PLANCHE XVI.

Perna lanceolata. C'est le *C. Leufroyi* de mon *Répertoire.*

2. Opis Ligeriensis, d'Orb. Ce sont les échantillons de ma collection qui ont servi pour le dessin des figures de la *Paléontologie française.* C'est par oubli sans doute que d'Orbigny n'a pas donné la description de cette espèce dans le texte de son ouvrage. Se trouve abondamment au même niveau que les *huîtres bi-auriculées.*

3. Opis Cenomanensis. Ce petit fossile occupe le même niveau que le précédent dont il diffère surtout par sa lunule beaucoup plus large et plus excavée. Il est rare.

4. Opis elegans, d'Orb. D'Orbigny a eu communication les échantillons de ma collection pour la description et les dessins de la *Paléontologie française.* Ce fossile n'est pas rare dans les sables du *Jallais.*

5. Astarte angulata, Ed. Guér. Répert. Cette petite coquille très-fragile, à sillons rares et profondément imprimés se trouve au même niveau que les *huîtres bi-auriculées.*

6. Astarte Guerangeri, d'Orb. Les échantillons de ma collection ont servi pour la description et les figures de la *Paléontologie française.* Cette espèce élégante se trouve dans l'horizon à *Perna lanceolata*, et n'est pas rare.

7. 8. Astarte circularis. (Voir planche xv, fig. 12.

9. 10. Crassatella Vindinnensis, d'Orb. Les échantillons de ma collection ont été communiqués à d'Orbigny pour la description et les figures de la *Paléontologie française.* Cette espèce, très-répandue dans le terrain cénomanien de la Sarthe, se rencontre à peu près à tous les niveaux. Dans les échantillons bien conservés les stries circulaires s'épanouissent en lames minces et saillantes sur la partie anale. L'échantillon placé à l'extrémité droite de la fig. 10, a conservé des couleurs qui dessinent sur la coquille des lignes brisées en forme de chevrons.

11. Crassatella Guerangeri, d'Orb. Ce sont les échantillons dont d'Orbigny s'est servi pour la description et les figures contenues dans la *Paléontologie française.* Je n'ai trouvé cette espèce rare qu'une seule fois, à la Trugale, dans la partie supérieure de la zone à *Perna lanceolata.*

12. Crassatella Ligeriensis, d'Orb. Cette espèce aussi rare que la précédente a été recueillie dans la même zone. L'échantillon figuré est représenté dans la *Paléontologie française.*

13. Cardita Cenomanensis, d'Orb. Cette petite espèce, peu connue, a été recueillie à

PLANCHE XVI.

Coulaines. Ces échantillons ont servi à la description et aux figures qui se trouvent dans la *Paléontologie française.*

14. 18. Cardita dubia, d'Orb. Cet'e coquille se trouve à peu près à tous les niveaux de l'étage cénomanien de la Sarthe. Les échantillons de ma collection ont servi pour la *Paléontologie française.*

19. 20. Cardita tricarinata, d'Orb. Mêmes observations que pour l'espèce précédente. Les deux figures non numérotées appartiennent à la même espèce.

21. Apricardia carinata, Ed. Guér. Répert. Les détails de la charnière sont tellement singuliers que j'ai cru devoir proposer un genre nouveau pour ce fossile. Le principal caractère consiste dans une dent saillante et recourbée. Je trouve cette coquille parmi les *huîtres bi-auriculées* et dans le *Jallais.*

PLANCHE XVII.

1. et 5. Cyprina Ligeriensis, d'Orb. Cette espèce parfaitement caractérisée par l'ensemble de sa forme offre dans les échantillons bien conservés un angle saillant sur la partie anale. Se trouve dans le *Jallais* et aussi au même niveau que les *Trigonies.* La fig. 5, représente la même espèce.

2. 3. Cyprina pinguis. Je désigne ainsi une espèce courte, trapue, gonflée surtout au niveau des crochets. Elle se trouve au même horizon que les *huîtres bi-auriculées.*

4. et 7. Cyprina oblonga, d'Orb. Occupe tous les niveaux de l'étage cénomanien.

6. Moule intérieur de la même espèce.

8. Valves droite et gauche de la même espèce, faisant voir les charnières dégagées.

9. Cyprina consobrina ? d'Orb. J'ai des motifs de croire que c'est bien l'espèce de d'Orbigny, et si je la marque d'un signe de doute, c'est que dans le *Prodrome* elle se trouve placée dans le terrain *Turonien.* Tandis que nous la trouvons au Mans parmi les *huîtres bi-auriculées.*

10. Arcopagia Cenomanensis, d'Orb. Le test de cette espèce est très-fragile plutôt par sa nature que par son épaisseur qui est ordinaire. C'est pour cela qu'il est difficile d'en retirer des carrières des valves complètes, quoique les échantillons ne soient pas rares. On la trouve dans le *Jallais.*

11. Venus plana, Sow. Malgré ses caractères bien tranchés, cette espèce est souvent confondue dans les collections avec le *Cyprina Ligeriensis.* Elle occupe la même zone que les *Trigonies.*

TERRAIN CRÉTACÉ.

PLANCHE XVIII.

1. Trigonia Pyrrha, d'Orb. Ces figures représentent avec certitude l'espèce de d'Orbigny indiquée dans le *Prodrome*. Les échantillons ont été soumis à l'auteur. Cette Trigonie se trouve au même niveau que les *huîtres biauriculées*. Je ne l'ai jamais vue plus bas.

2. Trigonia spinosa, Parkins. Trois exemplaires vus en dessus et en dedans avec charnières dégagées. Je trouve fréquemment cette belle espèce dans le *Jallais* ainsi que dans les niveaux inférieurs.

3. 4. Trigonia crenulata, Lamk. Ce fossile est intéressant pour la Paléontologie de l'étage cénomanien, dans lequel il caractérise, par son abondance, un niveau particulier. Je dis par son abondance et j'insiste sur ce point, car il n'est pas rare de trouver des individus isolés de cette espèce dans les horizons inférieurs. Quand on voit les bancs de Trigonies accumulées au niveau que je signale, on est porté à croire que ces mollusques vivaient en société dans les mers cénomaniennes.

5. Trigonia crenulata, Park. Moule intérieur.

6. Trigonia sulcataria, Lamk. Cette espèce qu'on trouve à toutes les hauteurs dans l'étage cénomanien, a eu, comme la précédente, un moment de plus grande fécondité, mais cette époque a été antérieure et a coïncidé à peu près à celle où vivait la *Perna lanceolata.*

7. Trigonia Nereis, d'Orb. Quoique j'éprouve une certaine répugnance à enregistrer cette espèce que je suis porté à considérer comme douteuse, je la donne néanmoins parce que, c'est certainement l'espèce de d'Orbigny auquel nos échantillons ont été communiqués. Le carton photographié représente des individus jeunes et adultes. Je ne vois guère de différence entre cette Trigonie et la précédente que dans les côtes moins accusées, ce qui pourrait bien provenir d'usure. En tout cas, le *Trigonia Nereis* ne se trouve qu'au niveau des *huîtres bi-auriculées*, ce qui dans une certaine mesure serait en faveur de la détermination de d'Orbigny.

8. Trigonia Dœdalea, Parkinson. Jeune âge.

9. La même, adulte, vue en dessus.

10. La même vue en dedans, montrant les deux charnières dégagées et les autres détails intérieurs.

11. La même encore jeune mais plus âgée que le N° 8.

Cette espèce que plusieurs auteurs ont refusé de reconnaître et à laquelle ils ont donné différents noms, me semble être la véritable *Trigonia Dœdalea* de Parkinson. Mon opinion est appuyée sur l'examen attentif d'un grand nombre d'échantillons. Par cette comparaison, je me suis assuré que l'espèce ne prend sa *livrée* complète qu'à l'âge adulte. Les jeunes n'ont jamais de parties lisses à l'extrémité anale. Les tubercules ont aussi de petites différences et pour leur grosseur relative et pour leur arrangement. Il en est de même de la forme générale qui n'est définitivement arrêtée que quand l'animal a atteint son entier développement. Les échantillons mutilés comme par exemple celui figuré par Parkinson : *Organic remains*, 1833, Pl. VI. Quoique ne présentant pas tous les caractères propres à l'espèce sont suffisants néanmoins pour la faire reconnaître quand on les compare avec une série d'échantillons plus complets. Elle se trouve avec la *Trigonia crenulata* dans l'horizon que je désigne dans cet ouvrage sous la rubrique de zone à *Trigonies.*

PLANCHE XIX.

1. Trigonia neglecta, Ed. Guér. *Répert.* Ce n'est pas le *T. excentrica* de Parkinson. Cette espèce se rapproche davantage de l'*excentrica* Sowerby qui n'est pas la même. Celle de la Sarthe se rapproche de ces deux espèces par la position du sommet de la coquille qui est excentrique, comme du reste c'est assez l'ordinaire dans le genre *Trigonia*; mais elle s'en éloigne par la forme générale moins allongée, par ses sillons cannelés, plus brusquement arrêtés. L'espèce de Parkinson présente en outre des dessins compliqués qu'on ne voit jamais sur la nôtre. Celle de Sowerby, ainsi que je le disais en commençant cet article, en est beaucoup plus voisine. Peut-être même que la confrontation des échantillons augmenterait encore ce rapprochement.

On trouve cette espèce dans le *Jallais.*

2. Trigonia sinuata, Park. Vue en dedans avec charnières dégagées.

3. La même, moule intérieur.

4. La même vue en dessus.

5. La même, très-jeune âge.

Cette espèce diffère de la précédente par une forme générale plus arrondie, le sommet de la coquille est moins excentrique, les côtes sont plus fines, plus serrées et plus tôt interrompues de manière à laisser lisse une plus grande partie du test.

On la trouve aussi dans le *Jallais*, mais elle descend dans les horizons inférieurs où la précédente ne se retrouve plus.

6. Trigonia Dœdalea, Park. Moule intérieur.

PLANCHE XIX.

7. Arcopagia Cenomanensis, d'Orb. Vue intérieure d'un fragment avec charnière dégagée.

8. Corbis Verneuilli, Ed. Guér. *Repert.* Je me suis permis de dédier cette espèce à M. de Verneuil, en souvenir de ses relations bienveillantes à mon égard, et des études qu'il a faites sur les fossiles paléozoïques de la Sarthe. Cette coquille remarquable par l'excentricité de son sommet, se trouve dans la même zone que les *huîtres bi-auriculées* et dans le *Jallais.*

9. Trigonia Dædalea , Park. Très-jeune âge.

10. 11. Corbis rotundata, d'Orb. Espèce remarquable par l'élégauce de sa forme et de ses ornements. Se trouve à tous les niveaux de l'étage cénomanien qu'elle caractérise parfaitement.

Les échantillons qui appartiennent à la zône des *huîtres bi-auriculées* sont en général plus petits (fig. 11), ceux qui proviennent du niveau à *Pecten asper* sont toujours à l'état de moule. Les plus parfaits se trouvent avec la *Perna lanceolata.*

PLANCHE XX.

1. 2. 5. 7. Cardium Guerangeri, d'Orb. Cette espèce qu'on rencontre à tous les niveaux de l'étage cénomanien, se trouve rarement revêtue de son test, excepté parmi les *huîtres bi-auriculées*, mais alors celui-ci a perdu une grande partie de ses ornements. Les fig. 1 et 5 proviennent de ce gisement ; 2 et 7 ont été recueillis dans le *Jallais.* Les échantillons de ma collection ont été communiqués à d'Orbigny à l'époque où il publiait la *Paléontologie française* ; les fig. 1, 2 de la planche 249 représentent exactement les dessins que la photographie a reproduits imparfaitement dans notre *Album.*

3. Cardium Hillanum, Sow. C'est encore une espèce commune à tous les horizons de notre étage, avec des différences de grandeur et de conservation.

4. et 6. Cardium lœve, Je désigne sous ce nom une espèce très-lisse qui se trouve fréquemment pourvue de son test, au même niveau que les *huîtres bi-auriculées.*

8. 9. 10. Cardium productum , Sow. Espèce commune à tous les niveaux de l'étage cénomanien. Se trouve souvent à l'état de moule, et, quand elle est revêtue de son test, ses appendices épineux sont fréquemment usés ou tellement empâtés par la roche, qu'il est difficile de les dégager.

11. Cardium Hillanum , Sow. A l'état de moule,

PLANCHE XX.

12. Cardium Guerangeri, d'Orb. Échantillon provenant du *Jallais.*

13. Pholadomya Subdinnensis, d'Orb. *Prod.* Cette espèce, prise d'abord par d'Orbigny pour un Cardium, a été décrite et figurée dans la *Paléontologie française*, sur des échantillons de ma collection, sous le nom de *Cardium subdinnense.* Je l'ai recueillie dans la zone caractérisée par les *Trigonies.*

14. Limopsis Guerangeri, d'Orb. *Prod.*

15. Limopsis complanata, d'Orb. *Prod.* Ces deux espèces, décrites d'abord et figurées par d'Orbigny, sous le nom générique de *Pectunculina*, se rencontrent depuis la zone à *Ostrea bi-auriculata* jusqu'à celle à *Perna lanceolata.* Les descriptions et les figures qui se trouvent dans la *Paléontologie française* ont été faites sur les exemplaires de ma collection.

16. Nucula impressa, Sow. Cette petite espèce que j'ai observée à tous les niveaux de l'étage cénomanien est plus abondante et en meilleur état dans les zones inférieures. Elle y conserve quelquefois son éclat nacré, mais alors elle est d'une fragilité désespérante.

17. 18. Pectunculus subconcentricus , Lamk. Espèce vagabonde comme la précédente, et plusieurs autres, mais néanmoins cantonnée en grand nombre dans la zone à *Perna lanceolata.* Dans une veine dépendant de ce niveau, la roche est littéralement pétrie de cette espèce réunie à la *Trigonia sulcataria.*

19. Arca Ligeriensis, d'Orb. C'est encore une espèce commune à tous les niveaux de notre étage. Mais les plus beaux exemplaires se trouvent avec les *huîtres bi-auriculées.* Dans la zone à *Pecten asper* je n'ai jamais rencontré que des moules.

20. Arca Marceana, d'Orb. Ce sont mes échantillons qui ont servi pour les figures et la description qui se trouvent dans la *Paléontologie française.* Cette espèce , plus rare que la précédente, est cantonnée dans la zone caractérisée par l'*Ostrea bi auriculata.* Je l'ai rarement trouvée ailleurs.

PLANCHE XXI.

1. Arca Tailleburgensis , d'Orb. Cette belle espèce se rencontre à tous les niveaux de l'étage cénomanien, mais presque toujours à l'état de moule. C'est dans la zone à *Trigonies* et quelquefois dans la zone à *Perna lanceolata* qu'on la trouve revêtue de son test et de ses ornements treillagés. J'ai figuré dans cette planche un échantillon montrant sa charnière. Ce détail important n'est donné par d'Orbigny que d'une manière très-incomplète.

PLANCHE XXI.

2. Moule de la même espèce provenant de la couche à *Ostrea bi auriculata*, et communiqué à d'Orbigny à l'époque où cette espèce fut publiée dans la *Paléontologie française.*

3. Arca Guerangeri, d'Orb. Espèce rare que je ne connais qu'à l'état de moule. La surface a néanmoins conservé une trace légère des lignes croisées qui composaient la parure du test. L'échantillon figuré a servi à la description qui se trouve dans la *Paléontologie française.* J'ai trouvé cette arche à la partie supérieure de la couche à *Ostrea bi auriculata.*

4. Arca Galliennei, trois exemplaires. Espèce bien caractérisée par la forme de son arca tellement étroit que les deux valves se touchent par les crochets, quoique ceux-ci ne soient pas saillants. La figure présentée du côté de la charnière montre bien ce caractère. La coquille est élégamment ornée de lignes croisées, mais le plus souvent frustes. Je l'ai observée dans le *Jallais* et dans la zone à *Perna lanceolata.* Elle n'est pas rare. Mes échantillons ont été communiqués à d'Orbigny.

5. et 11. Arca Pholadiformis, d'Orb. Cette espèce fort allongée, à large area, est élégamment ornée de stries rayonnantes. On la trouve depuis le *Jallais* jusqu'à la zone à *Perna lanceolata.* La fig. 5 provient de Coulaines, la fig. 11 du *Jallais.* Les échantillons de ma collection ont servi pour la description et pour les figures de la *Paléontologie française.*

6. et 15. Arca Vendinnensis, d'Orb. C'est une des nombreuses espèces d'Arche que j'ai découvertes dans nos terrains cretacés et qui ont été publiées dans la *Paléontologie française.* Les deux échantillons figurés proviennent du *Jallais.* Ce fossile est peu commun.

7. Arca sinuosa, je distingue sous ce nom une espèce terminée, du côté bucal, en rostre sinueux en dessous, ce sinus continue à se dessiner par les lignes d'accroissement. Les ornements, frustes pour la plupart, consistaient en stries rayonnantes espacées. Cette espèce que d'Orbigny réservait pour son supplément, se trouve dans le *Jallais* où elle est rare.

8. Arca Cenomanensis, d'Orb. C'est sur les échantillons de ma collection que d'Orbigny a donné la description et les figures de cette espèce dans la *Paléontologie française.* J'ai découvert cette belle espèce dans le *Jallais* où elle n'est pas commune.

9. Arca gibbosa, d'Orb. J'ai la même remarque à faire sur cette espèce de forme singulière. Je dois ajouter que je l'ai observée à plusieurs niveaux. La figure à gauche provient du *Jallais*, la figure à droite a été recueillie à Coulaines, zone à *Perna lanceolata.*

10. Arca serrata, d'Orb. C'est encore sur les échantillons de ma collection que cette espèce a été décrite et figurée dans la *Paléontologie française.* Néanmoins la figure 13 de la planche 316 est peu exacte. Dans la nature, les côtes sont plus rapprochées et plus nombreuses; la carène qui sépare le côté anal est ornée, dans les trois quarts de sa longueur, de dents épineuses qui proviennent des stries d'accroissement formant saillie à cette endroit. C'est ce caractère qui justifie le nom spécifique de *serrata.* Cette espèce, très-rare, appartient à la zone à *Perna lanceolata.*

11. *Voyez la figure 5.*

12. Arca Subdinnensis, d'Orb. C'est encore de ma collection que proviennent les échantillons dont d'Orbigny s'est servi pour publier cette espèce qui se rapproche par sa forme et ses ornements de l'*Arca Galliennei*, quoiqu'elle en soit nettement séparée. Je l'ai découverte dans les carrières si regrettées de Coulaines.

13. Arca echinata, d'Orb. J'ai découvert cette charmante espèce à la Trugale, dans la partie supérieure de la zone à *Perna lanceolata.* Elle a été publiée par d'Orbigny sur les échantillons que je lui ai communiqués.

14. Arca tegulata. Le nom spécifique que je propose pour cette espèce indique l'imbrication qui se remarque plus particulièrement sur la partie anale. En cet endroit de la coquille les stries d'accroissement, au lieu d'envelopper les côtes rayonnantes, ont laissé libre l'extrémité de celles-ci qui se trouvent ainsi en saillie. Cette espèce provient de la zone à *Perna lanceolata.*

15. *Voyez la figure 6.*

16. Arca plana. Nom que je propose pour cette espèce afin d'indiquer sa forme aplatie. Elle est ornée de côtes rayonnantes obtuses et nombreuses. Son area est fort étroit, les dents de la charnière sont obliques des deux côtés; celles du milieu paraissent droites et sont usées. Se trouve dans le *Jallais.*

PLANCHE XXII.

1. Mytilus scapularis, Lamk. Dans son *Histoire naturelle des animaux sans vertèbres,* Lamarck avait décrit cette espèce de Coulaines qui lui avait été communiquée par notre zélé compatriote Menard de la Groye. D'Orbigny n'ayant pas reconnu les caractères indiqués dans cette description, a donné au même fossile le nom de *Mytilus Galliennei.* L'échantillon figuré avec une grande exactitude dans la *Paléontologie française,* a été communiqué par

PLANCHE XXII.

M. Gallienne, ex-curé de Sainte-Cérotte ; il provenait des carrières de Coudrecieux, ouvertes dans une couche parallèle à celle de Coulaines, c'est-à-dire dans la zone à *Perna lanceolata*. Ce fossile est peu commun aujourd'hui.

2. 3. 4. Mytilus Ligeriensis, d'Orb. Cette espèce des plus élégantes par sa forme et par ses ornements avait été décrite et figurée en 1824, dans les *Mémoires de la Société Linéenne de Paris*, Pl. 7, fig. 5, par notre compatriote, M. Drouet, sous le nom de *Modiola striata*. L'échantillon provenait de Parigné-le-Polin et avait été recueilli par M. Tendron. C'est parce que le même nom spécifique avait déjà été employé par Montagne, que d'Orbigny a donné celui de *Ligeriensis*. J'ai cru devoir consigner ce fait qui intéresse l'histoire paléontologique de la Sarthe. Quoique ce fossile se trouve plus fréquemment parmi les *huitres bi-auriculées*, il n'est pas rare d'en rencontrer des individus isolés dans les niveaux inférieurs. Le N° 4 est un jeune âge.

5. 6. 7. Myoconcha angulata, d'Orb. Ce fossile se trouve à tous les niveaux de l'étage cénomanien. Le N° 5 montre les détails de la charnière ; le N° 7 quelques stries onduiées qui s'observent dans presque toutes les espèces de ce genre. Les échantillons de ma collection ont été soumis à la détermination de d'Orbigny.

8. Myoconcha Ferreti, Ed. Guér. *Répert.* Petite espèce dont les ornements n'ont pas été reproduits par la photographie. Se trouve dans le *Jallais* et dans la zone à *Perna lanceolata*.

9. 10. Avicula anomala, Sow. C'est bien là le fossile décrit et figuré sous ce nom dans la *Paléontologie française*. Depuis cette publication, M. Cailliaud, directeur du Musée de Nantes, a trouvé à Touvois, des moules de cette espèce sur lesquels on voit imprimées quelques fossettes cardinales. Ce caractère est-il suffisant pour déclasser cette coquille et la placer dans le genre *Gervilia ?* J'avoue que j'hésite, par la raison qu'il n'est pas sans exemple de voir quelques fossettes dans la charnière de vraies *Avicules*.

On trouve ce fossile assez abondamment au même niveau que les *huitres bi auriculées*.

11. 12. Avicula clathrata. Cette espèce pourrait bien n'être qu'une variété de la précédente. Elle en diffère par une forme plus allongée, un sinus plus profond, une plus grande délicatesse dans les ornements qui ne sont jamais épineux. Elle occupe un niveau plus inférieur. Je la trouve dans le *Jallais* et surtout dans la zone à *Perna lanceolata*.

13. Opis Galliennei, d'Orb. Après avoir représenté cette espèce dans la *Paléontologie*

PLANCHE XXII.

française, Pl. 257 *bis*, fig. 5, d'Orbigny n'en parle plus ni dans son texte, ni dans son *Prodrome*. L'aurait-il confondu avec l'*Opis Truellei*, d'Orb. de l'étage Senonien ? Ce serait une erreur, car malgré la ressemblance de ces deux espèces, elles diffèrent néanmoins l'une de l'autre. L'*Opis Galliennei* se trouve dans le *Jallais* et dans la zone à *Perna lanceolata*.

PLANCHE XXIII.

1. Mytilus Sarthensis. Je ne possède que ce fragment dont les dessins rappellent les espèces jurassiques. D'Orbigny le considérait comme nouveau, c'est pourquoi je lui ai donné un nom. Il a été trouvé dans l'horizon à *Ostrea bi auriculata*.

2. Mytilus Droueti, Ed. Guér. *Répert.* Cette espèce se rapproche du *M. Ligeriensis*. Elle s'en éloigne par une forme plus aplatie et par la disposition de ses ornements. On la trouve dans la zone à *Ostrea bi auriculata*.

3. Mytilus Guérangeri, d'Orb. Cette espèce, remarquable par ses ornements, se trouve à plusieurs niveaux de l'étage cénomanien. Elle a de grands rapports avec le *Myt. ornatus*, Munst. figuré par Goldfuss. On la rencontre dans le *Jallais* et surtout dans la zone à *Perna lanceolata*. C'est un des types de d'Orbigny.

4. Mytilus semi-ornatus, d'Orb. C'est l'échantillon qui a été décrit et figuré dans la *Paléontologie française*. Cette espèce se trouve dans la zone à *Ostrea bi auriculata*. Très-rare.

5. Mytilus siliqua, d'Orb. Cette espèce peu répandue reste cantonnée dans la zone à *Ostrea bi auriculata*. Mes échantillons ont été soumis à la détermination de d'Orbigny.

6. Mytilus semi-radiatus, d'Orb. Cette espèce provient du même horizon que le précédente. La description et les figures de la *Paléontologie française* ont été faites sur les échantillons de ma collection. Peu commune. C'est le *Mytilus reversus* du *Prodrome*.

7. Mytilus peregrinus, d'Orb. *Prodr.* Espèce des plus élégantes par sa forme et par ses ornements. Je crois que c'est par erreur que d'Orbigny a confondu cette espèce avec celle qui se trouve dans l'étage Néocomien. La fig. 7 de sa planche 337, ne représente pas exactement notre fossile cénomanien. On trouve ce *Mytilus* dans le *Jallais*, dans la zone à *Trigonies* et dans celle à *Perna lanceolata*. Mes échantillons ont été soumis à la détermination de d'Orbigny.

8. Mytilus Coloniæ. C'est encore une petite espèce que je n'ai observée qu'à Coulaines, localité d'où je tire le nom sous lequel je la

PLANCHE XXIII.

désigne. Son caractère principal consiste dans les grosses côtes concentriques dont elle est recouverte. Rare.

9. Mytilus alternatus, d'Orb. Cette espèce provient de la zone caractérisée par l'*Ostrea bi-auriculata*. Mes échantillons ont servi à la description et aux figures de la *Paléontologie française*. Rare.

10. Mytilus inornatus, d'Orb. Cette espèce, qui occupe le même horizon que la précédente a été décrite et figurée dans la *Paléontologie française* sur les échantillons de ma collection. Rare.

11. Mytilus subfalcatus, d'Orb. *Prod.* C'est encore sur les échantillons de ma collection que cette espèce a été décrite et figurée dans la *Paléontologie française* sous le nom de *Mytilus falcatus*. Cette espèce se trouve dans le *Jallais*, dans la zone à *Trigonies* et dans celle à *Perna lanceolata*. C'est dans ce dernier horizon qu'elle est plus commune.

12. Mytilus interruptus, d'Orb. Cette petite espèce a eu, comme la précédente, les honneurs de la *Paléontologie française*. Je l'ai recueillie dans la zone caractérisée par l'*Ostrea bi auriculata* où elle se trouve exclusivement cantonnée. Elle n'est pas très-rare.

13. Mytilus orbiculatus, d'Orb. Malgré la trop courte description du *Prodrôme* je ne puis avoir de doute sur la détermination de cette espèce, qui est la seule à forme orbiculaire. Je l'ai recueillie à Coulaines dans la zone à *Perna lanceolata*. Elle est peu commune.

14. Mytilus striato-costatus, d'Orb. Espèce figurée et décrite dans la *Paléontologie française* sur des échantillons de ma collection. Je l'ai trouvée dans la zone caractérisée par l'*Ostrea bi auriculata*. Très-rare. La petite figure placée à gauche appartient à une autre espèce.

15. Mytilus ornatus, d'Orb. *Pal. fr. M. ornatissimus*, d'Orb. *Prod.* Espèce pourvue en effet d'ornements très-élégants, que je n'ai jamais observée ailleurs que dans la zone à *Perna lanceolata*. Mes échantillons ont servi à la description et aux figures de la *Paléontologie française*.

16. Mytilus plicopsis, d'Orb. Petite espèce très-gracieuse qu'on trouve dans la plupart des niveaux de l'étage cénomanien. Mes échantillons ont été envoyés en communication à d'Orbigny. N'est pas rare dans la Sarthe.

17. Lithodomus obtusus, d'Orb. Suivant la *Paléontologie française* cette coquille serait commune aux deux étages cénomanien et senonien, quoiqu'il en soit les figures 11 et 12 de

PLANCHE XXIII.

la planche 345, représentent exactement notre espèce, qui du reste a été déterminée par d'Orbigny sur des exemplaires que je lui ai communiqués. Je l'ai recueillie dans la zone caractérisée par l'*Ostrea bi auriculata*.

18. Lithodomus rugosus, d'Orb. Espèce décrite et figurée dans la *Paléontologie française* sur des échantillons de ma collection.

19. La même, renfermée dans son fourreau.

20. La même, occupant les cavités creusées par elle dans un polypier. Cette espèce est commune, on la trouve le plus souvent dans le *Ceriopora ramulosa*, d'Orb., car c'est ce polypier qu'elle semble avoir choisi de préférence pour établir sa demeure. Son niveau le plus ordinaire est le *Jallais*, néanmoins elle descend dans la zone à *Trigonies* et jusques dans celle à *Perna lanceolata*.

21. Lithodomus æqualis, d'Orb. Cette espèce faisait sa demeure dans le test de l'*Ostrea bi auriculata* et de la *Trigonia crenulata*. Elle n'est pas rare. J'ai communiqué à d'Orbigny les échantillons sur lesquels il a fait la description et les figures de la *Paléontologie française*.

22. Mytilus ornatissimus, d'Orb. Voyez la figure 15.

23. Lima Gallienniana, d'Orb. Cette espèce se trouve dans la zone à *Perna lanceolata*, il est rare de rencontrer des valves entières.

24. Sommet d'une valve de la même espèce pourvu d'appendices épineux dont, peut-être, la coquille était ornée dans le jeune âge.

25. Lima nuda. Cette coquille, plate, lisse, mince, n'a pour toute parure que les stries d'accroissement. Je l'ai trouvée dans le *Jallais* où elle est rare.

PLANCHE XXIV.

1. Lima elegans, Nilsson (non Dujardin). Quoique Nilsson n'ait figuré qu'un fragment de cette coquille, je n'hésite pas, aidé de sa description, à rapporter la nôtre à la même espèce. Je donne, dans cette planche, quatre exemplaires sous le même numéro afin de bien faire connaître ce joli fossile que d'Orbigny n'a pas connu.

On la trouve quelquefois dans le *Jallais*, mais son vrai gisement est la zone à *Perna lanceolata*.

2. Lima subæquilateralis, d'Orb. Quoique la figure de la *Paléontologie française* ne soit pas parfaite, il n'est pas possible de se méprendre sur la détermination de cette espèce. Je l'ai recueillie surtout dans la zone à *Perna lanceolata*.

3. Lima semi-sulcata, Nilsson. *Sp.* Cette

PLANCHE XXIV.

espèce, très-voisine de la précédente, s'en distingue surtout par sa forme moins allongée et plus trapue. Elle est plus commune et se trouve, depuis le *Jallais*, dans tous les niveaux de l'étage cénomanien. C'est, du reste, une forme commune à plusieurs des étages du terrain crétacé; mais ce n'est pas ici le lieu de discuter l'identité spécifique des échantillons de ces différentes provenances.

4. Lima Cenomanensis, d'Orb. C'est avec raison que d'Orbigny a séparé cette espèce du *Lima granulata*, avec laquelle il est facile de la confondre. On la trouve à tous les niveaux de l'étage cénomanien, quoique son gisement le plus abondant soit dans la zone à *Ostrea biauriculata*.

5. Lima Reichenbachii, **Geinitz**. Les grosses côtes liguées de cette espèce en font un type qu'il est impossible de confondre avec aucune autre appartenant à l'étage qui nous occupe. Ce fossile assez rare se trouve dans la zone à *Perna lanceolata*, j'en ai observé quelquefois dans le *Jallais*.

6. Lima subconsobrina, d'Orb. *Prod*. Cette espèce se trouve à tous les niveaux de l'étage cénomanien.

7. Lima ornata, d'Orb. Cette espèce occupe la zone à *Perna lanceolata*; on la rencontre également dans les sables du *Jallais*. Alors elle est très-fragile et se sépare avec une grande facilité dans les endroits marqués par les stries d'accroissement.

8. Lima Sartheusis. Cette espèce rappelle la *Lima duplicata* des terrains Jurassiques. Elle occupe le niveau caractérisé par la *Perna lanceolata*. Elle est très-abondante dans une veine particulière à cette assise. Il n'est pas à ma connaissance qu'elle ait été décrite; c'est pour la signaler à l'attention des paléontologistes que je lui ai donné un nom spécifique. Je dois dire cependant que Goldfuss figure, sous le nom de *Lima carinata*, un échantillon mutilé qui ressemble beaucoup à notre espèce.

9. Limea Cenomanensis. Cette charmante petite espèce, à côtes tuberculées quand elle est fraiche, se trouve dans les sables du *Jalluis* et dans les niveaux inférieurs. Sa charnière, difficile à dégager, présente les dents et les autres caractères propres au genre *Limea*. Néanmoins c'est peut-être le *Lima minuta* de Goldfuss.

10. Lima simplex, d'Orb. Se trouve en grande abondance parmi les *Huitres bi-auriculées*, et descend à tous les niveaux de l'étage cénomanien. Elle atteint quelquefois de grandes proportions.

11. Lima tecta, **Goldf.** C'est une des es-

PLANCHE XXIV.

pèces les plus élégantes de notre étage. Ses lignes d'accroissement prolongées en lames réfléchies, croisées par des stries rayonnantes composent un ornement très-remarquable. On la trouve dans le *Jallais*, mais elle est bien plus commune dans la zone à *Perna lanceolata*.

12. Lima ornata, d'Orb. Exemplaire mutilé provenant du *Jallais*. Voyez fig. 7.

13. Lima semi-ornata, d'Orb. *Prod*. Cette espèce assez rare se trouve dans la zone à *Ostrea bi auriculata* et dans le *Jallais*.

14. Lima subabrupta, d'Orb. *Prod*. On rencontre cette espèce à tous les niveaux de l'étage cénomanien.

15. Lima lineolata. C'est ainsi que je désigne une espèce assez bombée, à côtes fines et très-serrées que j'ai recueillie à la Trugale, dans la zone à *Perna lanceolata*. Très-rare.

16. Lima rapa, d'Orb. Cette espèce se trouve à tous les niveaux à partir du *Jallais*, quoiqu'elle ne soit commune dans aucun d'eux. Il est assez rare de la trouver revêtue de ses ornements, toujours usés ou encroûtés. Elle atteint des proportions assez considérables.

17. Échantillon mutilé et encroûté qui pourrait bien appartenir au *Lima rapa*, et révélerait alors des ornements jusqu'ici inconnus à cette espèce.

PLANCHE XXV.

1. Avicula Cenomanensis, d'Orb. Cette espèce se trouve dans le *Jallais* et dans la zone à *Perna lanceolata*.

2. Inoceramus striatus ? Mantell. Je marque cette figure d'un signe de doute, n'étant pas certain qu'elle représente l'espèce de Mantell. Elle provient d'un niveau un peu supérieur à celui où se trouvent les *huitres biauriculées*.

3 Gervilia enigma, d'Orb. Moule d'une espèce singulière qui se trouve au niveau caractérisé par l'*Ostrea bi auriculata*. On rencontre çà et là des fragments de test pourvus des fossettes particulières au genre *Gervilia*. Un des morceaux est représenté dans la *Paléontologie française*, Pl. 396, fig. 11.

4. Gervilia subaviculoides, d'Orb. *Prod*. Echantillon mutilé adhérent à la roche. Ce fossile se trouve souvent ainsi dans le *Jallais*. La zone des *Trigonies* renferme une roche grisâtre dans laquelle on rencontre quelquefois l'espèce qui nous occupe, réunie en société. Il est très-difficile de l'en extraire, mais avec du temps et de l'adresse on peut préparer de beaux exemplaires adhérents à leur gangue. Les échantillons de ce dernier niveau sont plus grands que

TERRAIN CRÉTACÉ.

PLANCHE XXV.

ceux du *Jallais* et pourraient bien appartenir à une autre espèce.

5. Epreuve mal reproduite d'une Perne trop incomplète pour être déterminée.

6. Inoceramus conicus, Ed. Guér. *Répert.* Espèce très-rare, trouvée une seule fois en plusieurs exemplaires à la partie supérieure de la zone à *Perna lanceolata* dans une roche ferrugineuse.

7. Inoceramus angulatus, d'Orb. J'ai recueilli cette espèce dans la zone à *Trigonies*. Très-rare au Mans, moins rare à Saint-Calais.

8. Perna lanceolata, Geinitz. C'est ce fossile qui caractérise un de nos meilleurs horizons paléontologiques. Il est d'une fragilité si grande qu'il est difficile d'en obtenir des échantillons non mutilés.

9. Perna Cenomanensis. Belle et grande espèce à forme contournée et à texture lamelleuse. Je l'ai trouvée dans la zone à *Trigonies* où elle fort rare.

10. Avicula anomala, Sow.

11. Moule intérieur de la même espèce, montrant sur la charnière l'empreinte des fossettes (Voir planche XXII, fig. 9, 10).

Cet exemplaire provient de Touvoix (Loire-Inférieure), M. Cailliaud, qui l'a recueilli dans cette localité, a eu l'obligeance de me le procurer.

Je laisse, provisoirement, ce fossile parmi les Avicules, malgré la présence des fossettes car-

PLANCHE XXV.

dinales ; me réservant de prendre un parti définitif à ce sujet lors de la publication de mon catalogue raisonné.

12. Inoceramus angulatus, d'Orb. Jeune âge. *Voyez la fig. 7.*

13. Perna Cenomanensis ? Je suppose que cette espèce est une variété de celle qui est figurée sous le N° 9. Je l'ai trouvée dans la zone caractérisée par l'*Ostrea bi auriculata.*

14. Avicula Cenomanensis, d'Orb. Voyez fig 1.

15. Avicula..... Echantillon trop mutilé pour servir à la détermination d'une espèce. Semble se rapprocher de l'*Avicula anomala*, mais s'en éloigne par la partie postérieure entièrement lisse. Provient de Coulaines.

16. Avicula bialata. Petite espèce remarquable par l'étendue de son expansion antérieure. Cette coquille a été recueillie à la partie supérieure du *Jallais.* Très-rare.

17. Avicula Cenomanensis, d'Orb. Variété provenant de la zone à *Ostrea bi auriculata.*

18. Avicula subplicata, d'Orb. *Prod.* J'ai recueilli cette espèce dans la zone à *Ostrea bi auriculata.*

19. Avicula interrupta, d'Orb. Cette espèce à forme singulière se trouve avec la précédente dans la même zone. Très-rare.

Les deux espèces précédentes ont été soumises à la détermination de d'Orbigny.

FIN DE LA PREMIÈRE LIVRAISON.